呼吸希望
與肺癌共存

溫情齊饌

食 譜‧故 事 集

這本食譜‧故事集訴說了多個關於肺癌患者的溫馨故事
獻給所有同路人及關心肺癌患者的您。

萬里機構

食譜・故事集目錄

序

從「吃」保持活力

從「吃」得到快樂

從「吃」給予支持

擁抱希望

擁抱「呼吸希望」

我們每天自然而然地呼吸，享受與生俱來的權力。但對於需要與肺癌共存的朋友而言，每次呼吸都顯得格外珍貴－它代表生存與希望。

肺癌患者的治療路艱辛而漫長，但路上總有全新的呼吸希望。新的醫學發展為肺癌患者帶來更多的治療選擇，而照顧者亦更願意了解如何讓患者在過程中能更積極與肺癌共存，與家人摯愛共享更多珍貴時光，共同體驗「高質素存活」。

「呼吸希望」是一項肺癌關注計劃，由阿斯利康（AstraZeneca）與香港肺癌學會（HKLCSG）聯合支持，旨在為肺癌患者提供支援，鼓勵他們積極「與肺癌共存」，為他們送上祝福，重燃呼吸希望。

「呼吸希望」會定期舉辦不同類型的公眾及肺癌患者活動，以支持肺癌患者及照顧者，並提高大眾對肺癌的了解和關注，自2017年成立至今，已為逾300位肺癌患者及家人提供支援。往後，「呼吸希望」會繼續提供關於肺癌的資訊及各類活動和工作坊，全方位為面對肺癌的家庭提供支援。就讓我們一同攜手，向肺癌患者及照顧者傳達更多關懷和鼓勵，為他們帶來新希望！

更多有關「呼吸希望」或肺癌的教育資訊，可瀏覽我們的教育網站：https://www.livingwithlungcancer.asia/

關於「溫情齊饌」

與家人和朋友共聚於餐桌分享美食、分享生活點滴會是你的快樂時刻嗎？

我們明白與摯愛於餐桌歡聚最能拉近彼此的距離。因此，「呼吸希望」以「溫情齊饌」為主題，讓各位同路人（不論是肺癌患者或照顧者）能分享彼此的故事及為至親烹調的菜式，並特意將其編成食譜‧故事集，鼓勵各位同路人在抗癌路上一同活得更精彩。

我們亦特別邀請了星級名廚韋兆嫻（Denice Wai）以肺癌患者照顧者的身份，擔任「呼吸希望」大使，一起透過食物與各位同路人在治療路上體驗「高質素存活」。

在過去一年，我們舉辦了茶聚活動，與肺癌患者及其照顧者透過美食，分享大家一路走過的旅程和溫暖故事，並一起探討「高質素存活」如何有助提升患者的生活質素，了解患者所需的各方面照料。我們亦透過舉辦「Denice與你家中溫情齊饌」活動，讓患者能與Denice互相切磋廚藝，分享大家的故事，並鼓勵大家分享食譜及背後暖心故事，與其他同路人共勉。

「溫情齊饌」計劃獲得不少同路人的支持及投稿，我們精心挑選了24個溫暖故事，編製成這本極具意義的《呼吸希望溫情齊饌食譜‧故事集》，讓大家了解更多關於肺癌患者與照顧者，以及朋友的背後故事。

感謝大家支持故事集慈善義賣，所得收益將不扣除成本全數撥捐予癌症資訊網慈善基金，以支持更多同路人。

溫情齊饌

香港肺癌學會的話

香港肺癌學會 (Hong Kong Lung Cancer Study Group) 是慈善機構團體，於2003年由一群腫瘤科專業人士創立。其宗旨是增強公眾對肺癌的知識、協助促進有關治療肺癌的研究及提高肺癌患者治療的質素。

我們自2017年起，一直全力支持肺癌關注計劃－「呼吸希望」，鼓勵患者積極對抗疾病，重燃呼吸希望。

學會的一群腫瘤科專業人士經常接觸癌症患者和照顧者，深深明白到除了藥物治療外，在治療路上照顧者與親友的體諒與支持亦十分重要。我們亦看到不少癌症患者和家屬對於患者的日常飲食有很多不同的意見及疑惑。營養吸收及心理健康對患者的生活及治療十分重要，因此學會透過「呼吸希望」溫情齊饌計劃，希望將更正確的資訊推廣給大眾。

《呼吸希望溫情齊饌食譜·故事集》不但收錄多個肺癌患者、照顧者及朋友等的食譜，與大家一起分享「家的味道」，更重要是他們訴說自身抗癌路上的點滴，讓同路人感受到家人及朋友支持的重要性。香港肺癌學會5位臨床腫瘤科專科醫生亦以個人經驗及專業知識，就高質素存活、飲食、患者及照顧者身心健康等議題分享一些意見及建議，務求讓更多同路人活得更精彩。

我們期望《呼吸希望溫情齊饌食譜·故事集》可讓肺癌患者、家人、朋友，以及普羅大眾多了解肺癌，與我們一起同行，鼓勵患者積極對抗疾病。

香港肺癌學會
HKLCSG

名廚韋兆嫻的話

相信大部分人都知道我是一位廚師，不過大家未必知道，我父親當年患上末期癌症，而發現時癌細胞已經擴散至肺部。自2018年起，我便一直與肺癌關注計劃「呼吸希望」合作，希望以過來人及照顧者的身份，鼓勵肺癌患者積極對抗疾病。

「呼吸希望」從2017年成立以來，一直舉辦不同類型的公眾活動和肺癌患者工作坊，惠及超過300位肺癌患者及家人。我認為這項計劃與我的理念十分相似，所以一口答應成為今年度的「呼吸希望」大使，一同宣揚積極抗癌的訊息。

「呼吸希望」這次主題為「溫情齊饌」，「溫情齊饌」透過分享食物和日常生活點滴，讓肺癌患者和照顧者有更緊密連繫，一起體驗如何保持良好生活質素。

回憶起父親患病期間，我深刻記得母親曾經說過，「他吃的，我不會吃」－ 意思是，父親因為患病所以只能吃病人的食物，但其他人便不會想吃。這番說話令我印象深刻，啟發我去製作一些患者和照顧者都可以一起分享的菜式。

故事集收錄的「百家食譜」，讓肺癌患者及家人朋友分享私房菜。因為許多人發現自己患病的時候，都會很自然地自我隔離，所以我們想透過收集食譜，讓患者和照顧者之間有更多聯繫，不感孤單。

體驗「高質素存活」

臨床腫瘤科專科醫生區兆基

癌症患者的心理質素與治療成效其實有着正面的關係，除了醫療需要上的關注外，患者的身心健康，與家人朋友的社交關係、工作等等都會影響他們的生活。可幸的是，越來越多人關注在治療期間如何令生活更具質素。香港肺癌學會亦與「呼吸希望」肺癌關注計劃通力合作，希望為肺癌患者提供支援，鼓勵他們積極對抗疾病，擁有更「高質素」的生活。

甚麼是「高質素存活」？

「高質素存活」概念是指整個癌症護理過程中（治療期間和治療後），患者身體、心理/情感、社會/人際關係、工作、財政方面的整體體驗。其評估框架含四個互相關聯的領域，包括：生活質素、生存率、副作用和經濟影響[1]。整體而言，我們認為需要全面考慮患者各方面的照料，關注與患者和家人進行疾病和治療方面的溝通和教育，了解患者對治療的期望。

患者對癌症的主觀看法會影響他對病情的認知，一般的患者會擔心治療的成效，害怕癌症會捲土重來，也會憂慮癌症對家人和財政方面的影響。生命除了長短，質素其實亦相當重要。很多人覺得患癌便彷如世界末日，生活方式大亂，但透過不同渠道的關心和幫助，患者其實可以活得更有質素。

就如推出「溫情齊饌」食譜故事集的目的一樣，我們建議患者從飲食入手，改善病況同時維持生活質素。從醫生角度出發，我們建議患者多吃穀物、水果和牛油果這一類「Super Food」，為身體帶來充足的營養。另外，患者也可以白肉代替紅肉，例如魚類的脂肪較其他肉類的脂肪健康。

運動亦有助讓患者的身心愉快，每星期至少做三至五次三十分鐘以上的有氧運動，包括急步行、游泳、踏單車等，有助治療後消腫。運動有益身心，令身體更強壯同時也令人放鬆，對病情有正面作用，對照顧者來說也有助減壓及保持心境開朗。

我曾經遇上不少態度積極的患者，即使患上了癌症也從沒放棄，一直關注生活上的細節，包括起居飲食和睡眠習慣等。這類積極的患者一般都較為快樂，對治療的合作性都會比較高。因此，醫生會用盡各種的方法，協助患者以正面心態面對治療，從而提升醫療的效果。

存活率其實只是一個參考數字，沒有人能預測個別患者真實的生命長短，因此我時常告訴我的病人：「即使是第四期肺癌患者，也存在長久生存下去的機會。」現時的新型治療方法，如標靶治療、免疫治療，對癌症患者的副作用相對較低，讓患者較容易接受。

因此在「呼吸希望」計劃中，我們提倡「高質素存活」這一個重要概念。只要保持樂觀的心，多與家人和朋友溝通，當遇上壓力時嘗試直接抒發出來，其實很多患者都能慢慢從中適應，維持「高質素存活」。

參考資料來源：

1 Fallowfield L, et al. J Clin Oncol 2016;34(Suppl 3):78-78.

從「吃」保持活力

食物賦予我們力量和活力，
但我們最強的後盾永遠是背後
為我們下廚的那位家人、摯愛和好友。

一起下廚吧！

臨床腫瘤科專科醫生潘智文

在二十多年前，我們對肺癌治療的概念相對現時簡單，只專注醫好患者，或者協助他們控制腫瘤，減少復發機會和延續生命。現在，我們除了治療之外，更需要全面兼顧患者的身心健康。我們會考慮患者在治療期間和治療後的身體狀況、心理及情感需要、社交、工作、財政方面的福祉，希望他們可以與普通人一樣過正常的生活。

其中一項我較關注的要點就是患者的飲食習慣。肺癌患者常會食慾不振，體重亦隨之而減輕，進行化療時也會讓患者胃口變差。當患者吸收的營養不足，便未能以最佳狀態應付治療，有機會令療效減弱，造成種種的惡性循環。因此我會着力鼓勵患者在飲食入手，提升營養攝取，加強自身的抵抗力，由此增加不同治療的可能性。

很多時候，患者會問我：「潘醫生，我患上了肺癌，會不會有些東西不可以吃？」一般來說，西醫並沒有忌口的觀念，但我們主張均衡飲食，避免飲酒、吸煙和醃製食物。另外，我們亦建議患者在治療期間多吃新鮮肉類和碳水化合物，以吸收更多蛋白質和熱量，有助增加體重和肌力，對治療有正面的幫助。

當然，患者的心理健康也相當重要。由確診開始，患者要承擔極大的心理壓力，他們需要時間接受，也要克服各種恐慌的情緒。而在治療前，不同的療程選擇會使患者感到困惑。正式進入治療時，副作用也有機會令他們睡眠質素下降，擔心治療效果。患者在不同時期出現的情緒問題，也非一朝一夕能解決。因此，照顧者和醫護人員的聆聽和鼓勵對患者十分重要，他們也應該透過與別人溝通宣洩情緒，避免心理上的鬱結。

實際上，即使是第四期的肺癌，透過藥物適當的治療，也不是一個絕症；家人也可為患者扭轉觀念，給予他們希望。作為患者，也要知道家人的照顧並不是想像中簡單。只要雙方互相尊重、理解、包容，定必能攜手克服困難。閑時不妨一家一起下廚，烹調大家喜愛的餸菜，品嘗佳餚同時互相傾訴支持。

> 我深信患者及照顧者唯有保持
> 心情開朗，才能一起走過這條路。
> 所以我希望透過一同烹調我們最
> 喜歡的洋蔥雞翼，令我們保持胃口，
> 好讓我們有力量去面對這場我們一同面對的硬仗。

讓我們流淚的洋蔥雞翼

Ada的故事

我的媽媽是一位廚師，她善於創作獨特菜式，我自然經常吃到五花八門的佳餚，直到當媽媽確診患上肺癌。由於媽媽需要應付不同的治療，四處奔波的她不單止減少下廚，胃口亦大不如前。你能想像一個失去胃口的廚師嗎？於是我開始為她煮飯，偶然發現，唯一令她有食慾的不是甚麼獨特菜式，反而是一道平凡的住家菜－洋蔥雞翼，正好也是我最愛的菜式。

自此，當她身體情況許可時，我們都會一起烹調這道菜，增添大家生活中的小趣味。我不擅下廚，有時媽媽會捉起我的手教我切材料，那時她會露出患病期間罕見的笑容。為了讓她一笑，有時我會故意笨拙地下廚，媽媽總會忍不住親手教我煮飯。之後每次煮洋蔥雞翼，我都負責醃雞翼，她切洋蔥。有時她切洋蔥會哭，就換我來切，但我也會忍不住流淚，我想一定是洋蔥散發出刺激性的氣體而讓我們哭吧。

在自己未確診前，我時常不解媽媽的處境，甚至會失去耐性，令大家都心灰意冷。當自己做完手術後，經歷過和媽媽一樣的痛苦後，才明白親人的支持是如此彌足珍貴。

在過去的四年裡，媽媽跟我相繼確診肺癌。漫長治療過程的確會消磨我們的意志，反覆的病情亦讓患者及照顧者納悶不安，但在起起跌跌間，最重要的是不要洩氣，患者及照顧者互相扶持。

洋葱雞翼

Ada的食譜

製作方法：

1. 洗淨雞翼再抹乾水分，加入醃料醃製30分鐘

2. 將洋葱切條、蒜頭切片，葱切粒備用

3. 將鑊加熱後加入2湯匙油，爆香薑、蒜頭和部份葱粒

4. 放入雞翼以中火略煎兩面至少許金黃色（約2至3分鐘），然後把雞翼盛起

5. 加入洋葱轉中小火煎至金黃色，再下黃糖、黑醋、50毫升凍滾水煮至沸騰

6. 將雞翼平鋪在洋葱上，倒入生抽和酒，加蓋以中火焗1分鐘，然後轉小火慢煮6分鐘，最後關火再焗3至5分鐘

7. 開蓋後把雞翼反轉，令雞皮沾到醬汁

8. 開中火把汁煮至沸騰，並倒入有色生粉水，把芡汁煮至合適的稠度，灑上葱粒即成

材料：

- 雞中翼　　10隻
- 洋葱　　　1個
- 薑片　　　2片
- 蒜頭　　　4粒
- 葱粒　　　適量

雞翼醃料：

- 鹽　　　　1茶匙
- 糖　　　　½茶匙
- 雞粉　　　½茶匙
- 生粉　　　½茶匙
- 酒　　　　1茶匙

芡汁：

- 黃糖　　　2茶匙
- 黑醋　　　1茶匙
- 熱水　　　50毫升
- 生抽　　　1½湯匙
- 酒　　　　1湯匙

有色生粉水：

- 老抽　　　½茶匙
- 生粉　　　2茶匙
- 水　　　　2湯匙

飯桌重現的
肉碎蒸三色蛋

Jannybobo Yim的故事

相信很多人的家常便飯中，都會有「蒸水蛋」這道菜，我家也不例外。從小到大，媽媽不時都會蒸水蛋。雖然她蒸的水蛋很細滑，小時候的我卻不懂得欣賞媽媽的餸菜。我看到乏味的水蛋總是欠缺胃口，有次甚至過份得放下雙筷一口不沾，剩下整碟水蛋。「有媽的孩子像個寶」，媽媽不但沒有責罵我，幾天之後的飯桌上，便出現了一道顏色豐富的肉碎蒸三色蛋。蒸三色蛋味道與口感都很豐富，立即變成我心目中的「No.1」餸菜。

踏入社會後，因為工作忙碌及種種原因，我便很少吃到媽媽的蒸三色蛋了。直至早前，我患上了肺癌，最着緊我的媽媽便經常到我家給我煮飯。原來除了咳嗽、胸痛等情況之外，肺癌患者的胃口也會受到影響。就算媽媽問我有甚麼想吃，食慾不振、吞咽困難的我也實在想不出任何餸菜。直到某一晚，飯桌上悄悄出現了一道肉碎蒸三色蛋－我那童年「No.1」的餸菜。媽媽說，普通的蒸水蛋太清淡，加上肉碎及皮蛋鹹蛋之後，味道更豐富，更容易吞嚥，希望引起我的食慾。

> 我緩緩吞下那兒時的味道，猛然發現，
> 原來媽媽一直以來都默默地照顧我，
> 為我著想，所以我更不能在這裡倒下來，
> 因為，我也要好好照顧媽媽。

肉 碎 蒸 三 色 蛋

Jannybobo Yim的食譜

製作方法：

1. 將皮蛋去殼，切碎至黃豆般大小

2. 將鹹蛋的蛋白及雞蛋加入清水，比例為1份蛋
   比1.5份清水，然後打成蛋漿，並加入切碎的
   皮蛋和鹹蛋黃備用

3. 將薑及蒜頭分別切成薑粒及蒜粒

4. 將免治豬肉加薑粒、鹽、胡椒粉、老抽
   及少許糖醃製15分鐘

5. 用少許蒜粒起鑊，放入醃製免治豬肉，
   以大火爆炒3至4分鐘，炒出豬肉的油分

6. 將已炒並逼出油分的免治豬肉混入水蛋漿中，
   將所有材料攪拌均勻，
   再以隔水蒸煮8至10分鐘（視乎容器傳熱程度）

7. 蒸好後撒上少許葱粒，淋上熱油即成

材料：

- 皮蛋　　　1隻
- 鹹蛋　　　1隻
- 雞蛋　　　2隻
- 免治豬肉　100克
- 薑　　　　少許
- 蒜頭　　　少許
- 葱粒　　　少許
- 老抽　　　½茶匙
- 鹽　　　　¼茶匙
- 糖　　　　少許
- 清水　　　適量
- 胡椒粉　　少許

1) 蛋漿先過篩令蒸蛋更滑身

2) 蒸蛋時蓋上保鮮紙封口，以防「倒汗水」滴下影響蒸蛋表面

現在我只好時刻提醒自己多陪伴家人，
不要再錯過每個相處時刻。

婆婆的小心思

Louisa的故事

婆婆多年前因為肺癌離開了我和弟弟。我們從小就吃她親手烹調的餸菜，更特別喜愛她煲的湯水。每逢入秋，她更會煲我們最喜愛的雪梨蘋果無花果豬䐪湯。這煲湯卻與我們平時品嘗的大有不同。

最大的分別就是這煲湯加入了婆婆對我們的感情：一般雪梨蘋果湯都會加入蜜棗增加甜味，但因為我從小到大都不喜歡蜜棗的甜味，所以婆婆特意用無花果取代蜜棗；弟弟很喜歡吃南北杏，所以婆婆又會加入很多南北杏。最特別是婆婆會將果皮放入湯中，婆婆說果皮「正氣」，對腸胃較好。

這款特製的雪梨蘋果湯，在婆婆患上肺癌時，就換成我煲給她喝。可是，無論我如何依照臥病在床的婆婆介紹的方法，例如一定要用富士蘋果，或是梨的份量要比蘋果多等等，我還是煲不出那種豬肉味突出，卻不失清甜的湯。

如果在婆婆患病之前我有多花時間走進廚房跟她一起煲湯，也許在婆婆離世前便可以讓她再嚐一口滿載我們感情和回憶的雪梨蘋果無花果豬䐪湯。

小提示

1）豬䐆宜先汆水，有助去除肉腥味

2）蘋果可於最後 1 小時才加進湯內，
確保湯不會變酸

雪梨蘋果無花果豬脹湯

Louisa的食譜

製作方法：

1. 將豬脹汆水

2. 將蘋果及雪梨去芯並切件（不用去皮），無花果開半

3. 水煮沸後放入所有材料（除了鹽）

4. 開大火煮沸後轉用細火煲2小時

5. 在飲用前加入少許鹽即成

材料：

• 雪梨	3個	• 水	3公升
• 蘋果	2個	• 南北杏	3湯匙
• 無花果乾	3粒	• 果皮	1塊
• 豬脹	2塊	• 鹽	少許

我們這一班的「禮物」
— 盡在不言中

葉煜芬的故事

嬋嬋是我的瑜伽班班長，除了上課外，我們亦一同在某素食社企做義工，因此在生活上有不少交集。

我們興趣相近，又喜歡吃素，所以比較投契。我喜歡她為人友善、樂於助人，每當空閒時，我總會找她跟我一起做義工，幫助有需要的人。

可是，嬋嬋有一段時間卻像消失了一般，在瑜伽班及素食中心都看不到她的蹤影，亦沒有回覆電話或訊息，令我非常擔心。過了很久她終於以短訊回應我，告知她患上了肺癌，身心俱疲，食慾也大減，實在沒有心情和精神外出。我當刻才感覺到人生無常，心想為何如此善良的人都要患上癌症呢？亦惱恨自己未能為這個好友做點甚麼。

其後想深一層，作為她的朋友，雖然未必可以常伴她左右或實際分擔她所有的憂慮，但我也想讓臥病在床的她知道，無論是朋友、親人、甚至是瑜伽班的同學、素食社企的義工，都希望在她身邊給她鼓勵。於是我與素食社企的義工朋友商討，特意為班長送上一份親自創作的「禮物」- 盡在不言中，希望為她帶來一點微笑及溫暖。我們以三大主材料：豆腐、雪耳及素豬肉，特製了一款全新的素食菜式。

白色食物如豆腐、雪耳能養肺止咳；夜香花及芫茜則增進食慾，加上「Super food」亞麻籽油，希望她收到這道開胃的健康素菜食譜後，會讓她增加食慾，更能提起精神抗癌。

文中營養資訊由作者提供並僅供參考，如有疑問請向醫生或營養師查詢。

❝
我希望她及其他同路人知道，除了家人外，
身邊的朋友也是很好的避風港，
在他們遇上困難時送上衷心的祝福及支持，
願他們也可以擁抱希望，積極面對往後的道路。
❞

香煎冰豆腐

葉煜芬的食譜

製作方法：

1. 浸透雪耳並切碎，用熱水加入少許糖、鹽汆水備用

2. 解凍冰豆腐並抹乾水分

3. 將冰豆腐切成厚片，用一湯匙油煎香豆腐，加入少許鹽，盛起備用

4. 用一湯匙油起鑊並加入素豬肉

5. 加入雪耳大火炒，再加豆腐粒快炒，灑上黑胡椒碎

6. 淋上麻油後上碟，放上芫茜、夜香花或羅勒伴碟即成

材料：

- 雪耳　　　　　1朵
- 冷藏冰豆腐　　1件
- 素豬肉　　　　100克
- 夜香花或羅勒　少許
- 芫茜　　　　　少許

- 鹽　　　　　　少許
- 糖　　　　　　少許
- 黑胡椒碎　　　少許
- 麻油　　　　　少許

29

快樂，就是做自己喜歡的事；
就讓我及各位同路人即管做想做的事，
整理出好心情繼續與肺癌共存。

幸福的一家之主

Daniel的故事

我是一名肺癌的康復者。幸好當年發現得早,在癌症早期時已經可以開始接受治療。

家中有老有嫩,作為一家之主的我,或多或少會有心理壓力,那時我很害怕我的病情會影響家人生活,久而久之我的情緒變得很低落。

我喜歡砌模型,而砌模型需要噴油,一般人會擔心對病情有影響,但我的家人卻沒有阻止,只叮囑我要戴上口罩以保護肺部,因為他們希望我抗癌時可以保持心境開朗,我想做的便即管去做。有時我忘記戴上口罩,我的子女更非常貼心,偷偷從後幫我戴上。他們對我的關心可謂無微不至,對我所做的事更是全力支持。

另一方面,他們也很照顧我的飲食,我的妻子知道我無肉不歡,卻對蔬菜「避之則吉」,所以特意為我炮製出健康的蘑菇汁,讓我不論在吃牛扒或肉丸時,都可以吸收到充足的營養,令飲食更均衡。

以往我一直認為,作為父親、丈夫,甚至兒子,照顧家人是我的天職,但原來當我病倒時,家人總會在身邊為自己分擔,年幼的子女更會倒過來照顧自己,讓我可安心對抗癌病。作為一家之主的我,很感謝那時他們不辭勞苦地照顧我。

小提示

1) 素食者可用菜湯取代牛肉湯

2) 鮮蘑菇切勿用清水洗，因為蘑菇吸收水分後
　再煮會影響菜式效果。用一條乾淨略濕毛巾
　抹去表層灰塵或污垢後再用乾布抹乾淨

3) 這道醬汁可配牛扒、肉丸、羊肉或其他肉類，
　亦可單配白飯或薯蓉享用

蘑菇汁

Daniel的食譜

製作方法：

1. 放入牛油並以中火炒香蘑菇，用少許鹽及黑胡椒粉調味，盛起備用

2. 以中火用牛油炒香乾葱碎（小心不要炒燶）

3. 放入已炒香的蘑菇，加入紅酒

4. 待紅酒蒸發後，加入牛肉湯調慢火煮5分鐘，間中攪拌

5. 加入忌廉煮數分鐘至醬汁濃身，加入鹽及黑胡椒粉調味

6. 加入番茜即成

材料：

- 蘑菇　　　約500克
  （白或啡或野生或雜菇）
- 乾葱　　　約4粒切碎
- 番茜　　　適量作裝飾
- 牛油　　　一片約5厘米
- 鹽　　　　少許
- 黑胡椒粉　少許
- 忌廉　　　約250毫升
- 牛肉湯　　約500毫升
- 紅酒　　　約300毫升

苦瓜不苦

馮先生的故事

我爸爸喜歡外出吃飯，他尤其喜歡較濃味和油膩、多肉少菜的「碟頭飯」。因此，他樂於外出吃飯，家常便飯的少油、少鹽、少糖，他都會避之則吉。

我平日在家中負責煮飯，我煮的涼瓜炒牛肉總得不到爸爸的青睞，令我又怒又惱。看到爸爸在晚飯時常會外賣「加料」，總感到不是味兒。為何他總是不願意吃我煮的飯菜呢？

我便苦心研究他買回來的苦瓜炒牛肉有甚麼特別之處。反覆嘗試後，過幾天我再煮了新研製的涼瓜炒牛肉給爸爸，他吃過後並沒有任何評價。翌日，他卻作出無聲抗議，繼續買外賣飯餸回家，令我十分憤怒，我們之間的關係也因此變差。而有趣的是現在我卻成為了一位廚師，當初沒有人欣賞我的廚藝，今日竟獲得客人的掌聲。回想起，當初某程度我也是受到爸爸激發而學廚的。

爸爸患上肺癌後，多了時間在家休息，他也不得不吃我煮的飯。不知道是我當時正在學廚，廚藝有所進步，還是他感受到我為他下廚的真誠，他竟然將我煮的苦瓜炒牛肉吃到一塊不剩。他輕輕的對我說，以往他不喜歡苦瓜的苦澀味，所以喜歡吃較濃味的苦瓜炒牛肉；而現在能夠與我一起吃飯，回顧以往有說有笑的時候，苦瓜的苦從此變得甜得多了。而我能夠與爸爸在餐桌前一起細數以往點滴，也能讓彼此，由苦慢慢變甜。

而我和爸爸的關係，亦同樣由苦慢慢變甜。

涼瓜炒牛肉

馮先生的食譜

製作方法：

1. 洗淨苦瓜，用匙羹刮去苦瓜瓤和苦瓜籽並切片

2. 用鹽醃苦瓜片刻，放入滾水中拖水

3. 撈起苦瓜再以凍水沖洗，用手擠出多餘水分備用

4. 洗淨豆豉，稍為壓爛

5. 洗淨牛肉，橫紋切薄片。用醃料拌勻，醃十多分鐘

6. 將牛肉放入燒熱油鑊中，炒至8分熟，盛起備用

7. 燒熱油鑊，加蒜蓉和豆豉爆香

8. 倒入磨豉醬快炒，聞到香味時，放入苦瓜並炒至熟透，再加酌量清水和片糖煮片刻

9. 苦瓜煮至軟腍後，牛肉回鑊，加入芡汁即成

材料：

• 苦瓜	2個 約400克	• 蒜蓉	½茶匙	• 片糖	30克
• 牛肉	110克	• 豆豉	1湯匙		
		• 磨豉醬	3茶匙		

醃料：

• 生抽	2茶匙	• 糖	1茶匙	• 油	少許
• 生粉	1茶匙				

芡汁：

• 生粉	1茶匙	• 生抽	1茶匙	• 水	1湯匙

小提示
利用鹽醃苦瓜可助去除部分苦澀味

"
家人的陪伴與溝通是肺癌患者治療中的重要支柱，
媽媽，就讓我成為你的專屬主廚和最強後盾吧！
"

我是媽媽的專屬主廚

Irene的故事

媽媽早前確診患上末期肺癌，平時格外「為食」的她，除了口淡之外，嘴巴也潰爛了，自然失去了食慾。作為女兒和照顧者，我絕不容許自己輕易放棄，勢要讓媽媽重拾食慾。

平日不愛做資料蒐集的我，因不忍媽媽只能吃些淡而無味的粥水而四處尋求意見及食譜，希望可以為她煮些容易進食又健康的食物。結果有些過來人教我嘗試煲沙參玉竹響螺湯，一來湯水味道不會太淡，二來也較易入口，而且聽說沙參具有養陰清肺、益胃生津的功效；玉竹也有助滋陰潤肺。

煲過湯後，我一羹一羹將湯水餵到她的口中，她花了數秒才能夠將湯水嚥下。看著她的笑臉，我感覺到她也喜歡這個愛心湯水。雖然這碗湯她足足花了十分鐘才喝光，但比起每次都只能吃幾口的粥，顯然喝湯也讓她更舒心及開胃。為了患者的健康，照顧患者飲食時應以清淡健康為主，但有時也有必要在味道方面取得平衡，盡量滿足他們的需要，讓他們在抗癌的重要時刻不致失去鬥志。

「因失去而珍惜」是老生常談，我慶幸自己沒有覺悟得太遲。現在我成為了媽媽的主廚，每天為她送上湯水，母女關係比以前更親密。

*文中營養資訊由作者提供並僅供參考，如有疑問請向醫生或營養師查詢

小提示

1) 杞子宜後下避免湯水變酸

2) 沙參具有養陰清肺及生津的功效，
   主要治療燥傷肺陰的長期咳嗽、
   乾咳、咽乾鼻燥、肺癆陰虛等

3) 玉竹在中醫角度上，以根莖入藥，
   性平、味甘，歸為肺、胃經，質潤
   亦和降，是滋補強壯的藥材，可以
   滋陰潤肺、生津養胃，主治療熱病
   傷陰、虛熱燥咳、消渴、頭昏眩暈、
   筋脈攣痛等

營養資訊由作者提供並僅供參考，
如有疑問請向醫生或營養師查詢。

沙參玉竹響螺湯

Irene的食譜

製作方法：

1. 用清水浸泡沙參、玉竹，去除雜質後洗淨備用

2. 用薑及紹興酒將螺頭、瘦肉氽水備用

3. 浸軟陳皮，刮瓤備用

4. 將沙參、玉竹、螺頭、瘦肉、陳皮、蜜棗及無花果放入沸水，
   大火再煮沸後轉中小火，煲約1.5小時

5. 加入杞子後再煲15分鐘，以鹽調味即成

材料：

- 響螺頭　　100克
- 瘦肉　　　450克
- 沙參　　　50克
- 玉竹　　　50克
- 陳皮　　　1片
- 杞子　　　少許

- 蜜棗　　　2粒
- 無花果　　3粒
- 薑　　　　2片
- 紹興酒　　適量

讓她眼睛發亮的味道

Jonathan的故事

有人說「要留住一個人的心，先要留住他的胃」。與女友拍拖一週年時，我倆還在求學階段，所以大家都打算在宿舍慶祝。燉牛尾是我為她煮的第一道菜，亦是她最喜歡的一道菜。不管味道如何，我還記得她當時一邊品嘗，一邊甜絲絲地笑的樣子。

期後她確診肺癌，得知這個消息時，我的世界就像末日來臨，瞬間變成了黑色。在我久久還未能接受這個殘酷的事實時，她卻反過來安慰我，讓我決意振作，一直留在她身邊照顧她。在她接受化療期間，我曾煮過很多健康美味的餸菜給她，但經常口淡的她漸漸對那些餸菜失去興趣。反而，她會經常要求我為她煮燉牛尾，但我不時會拒絕她的要求，因為燉牛尾味道較濃，比較「重口味」，我擔心會影響患病的她。

在她生日那天，我炮製了一頓豐富的晚餐，煮了所有她喜愛的菜，當然少不了燉牛尾。我還記得，當她打開家門時，鼻子使勁地一嗅，便知道桌上有豐富的燉牛尾正在等待著她。看到她那雀躍的傻氣樣子讓我感動得眼泛淚光。看到燉牛尾的她精神滿滿、眼睛發亮，完全不像一個患者。桌上雖然全部都是她喜愛的餸菜，但她卻只吃那盤燉牛尾，最後吃個清光，非常滿足。

作為照顧者，我們有時會過於緊張或小心照顧患者，忽略了食物除了味道以外對他們的意義。

“
或者，我們可以將病人他們當作普通人對待，
讓彼此生活得更自在。
”

燉牛尾

Joanthan的食譜

製作方法：

1. 將牛尾切件，以胡椒調，加入生粉後下鍋，並加入油、蒜頭以中火煎香表面至變色取出

2. 在鍋中加入洋葱、香葱、西芹和香草，炒煮出水分

3. 加入番茄蓉、鴨肝醬快炒

4. 加入生粉至鍋中，攪拌均勻後將先前預備好的牛尾再次下鍋

5. 加入黑啤、牛肉湯塊、紅蘿蔔、牛肝菌乾、波特貝拉蘑菇、月桂葉及自行選擇的味料

6. 繼續以中火烹煮直到湯汁達至理想濃度

7. 配以米飯、麵包、薯仔或意粉進食

材料：

• 牛尾	4條	• 生粉	少許	• 胡椒	少許

湯底：

• 蒜頭	½個	• 紅蘿蔔	1條	• 鴨肝醬	100克
• 洋葱	½個	• 牛肝菌乾	20克	• 黑啤酒	1罐
• 香葱	1條	• 波特貝拉蘑菇	1個	• 牛肉湯塊	1粒
• 西芹	1條	• 番茄蓉	1湯匙		

另外可選擇加入：

• 老抽	• 喼汁	• 迷迭香
• 番茄醬	• 羅勒	• 百里香
• 醋	• 月桂葉	

小提示

若然希望食得較清淡，可選擇省略
鴨肝醬、黑啤酒、牛肉湯塊，並用
500毫升罐裝番茄粒取代

有時候不在於煮什麼，
而是一起煮；
不在於做什麼，
而是一起做。

一起創作的薑黃雞扒

Crystal的故事

記得有一晚，媽媽通過電話告知她已確診肺癌。我的心頓時一沉：我有多久沒有探望媽媽？我有多久沒有好好關心我最愛的媽媽？霎時間我很後悔自己婚後沒有多花時間陪伴她。想到兒時媽媽都會將最好的給我，自己卻很少花錢去旅行，我便決定進行我的旅遊大計，跟媽媽一起散心遊樂，哄她開心。患病的她不方便遠行，所以我設計了一個名為「帶着媽媽去旅行」的兩日一夜遊，即是到我家住兩天，一起去附近行山、煮飯、看電影。兩天的形影不離，已令媽媽很快樂。

以往我們去旅行時，都會到當地的超市買食材做一頓飯，模仿當地人生活，所以這兩日的行程當然少不了煮一頓豐富大餐。早前陪同媽媽參加有關癌症的飲食講座，營養師指薑黃素可抗癌防發炎，因此我們打算以薑黃入饌，配以雞扒蒸煮。這個我們一同創作的薑黃雞扒烹調步驟簡單，又富有營養。營養師指如要吸收薑黃的營養，需要有油份的配合，而雞皮在蒸的過程會釋出油份，所以烹調時不用額外加油，健康又美味。

媽媽曾擔心患病的她會成為子女的負累，需要由子女照顧自己的起居飲食，並要遵從很多限制。那天媽媽「帶領」我一起烹調簡單健康菜式，我們之間的閒談及互動，為整碟餸菜增添了不少甜蜜的味道和意義。媽媽不但不是我們的負累，更是率領我家廚房的主廚。

薑黃雞扒

Crystal的食譜

製作方法：

1. 洗淨急凍雞扒

2. 用刀背拍平雞扒，令肉質更鬆軟

3. 蒜頭切片

4. 抹乾雞扒，以鹽、黑胡椒粉、米酒、薑黃粉及蒜頭醃約10分鐘

5. 放入鑊加蓋以中火蒸10分鐘

6. 關火並切件上碟即成

材料：

- 急凍雞扒　　　　1至2塊
- 薑黃粉　　　　　2茶匙
- 蒜頭　　　　　　1粒
- 黑胡椒粉　　　　1茶匙
- 鹽　　　　　　　適量
- 米酒　　　　　　適量

中廚的女兒

Denice的故事

我的父親在2009年因為末期癌症逝世。雖然事隔逾10年，仍不時憶起我們之前一起度過的時光，那些最後相伴的日子依舊歷歷在目。

父親本身是一名中廚，最愛準備佳餚招待親友，不時在家盛宴款待，年少的我經常在家中看到父親下廚，嘗盡精緻小菜，亦令我從小變得嘴饞。

自此我便與飲食結下不解之緣。很多人以為我會先學習中菜烹飪，但事實上最初我十分抗拒烹調中菜，或許是小時候被父親寵壞了，而不想經常吃中菜。後來移民至加拿大生活，便一直經營結婚蛋糕和甜品生意，並進修西餐烹飪。當時經常接觸西餐，於是又想起中菜，便嘗試回憶以前父親烹調的味道。父親對我的影響原來一直都存在，也許我是一個中廚的女兒，所以我更不想和一個如此出色的中廚比較。

如果要說我童年最愛的一道菜，那必定是我父親的拿手好菜－咕嚕肉。咕嚕肉的精髓是白醋、番茄醬、糖混合成的甜酸醬，亦是最難掌握的部分。父親烹調甜酸醬味道適中，但近年大家提倡健康飲食，所以作為女兒的我將他這道菜改為素食版的咕嚕蓮藕，致敬父親之餘亦讓所有人都能享用這道佳餚。

> 父親對我的影響原來一直都存在，
> 也許我是一個中廚的女兒，
> 所以我更不想和一個如此出色的中廚比較。

咕嚕蓮藕

Denice的食譜

製作方法：

1. 用少許鹽及白胡椒粉將蓮藕醃5分鐘

2. 將青椒、紅椒、洋葱及菠蘿切成小塊

3. 將蛋黃加入蓮藕拌勻，然後將蓮藕塊沾上生粉

4. 鍋內燒熱油放入蓮藕，以中火半煎炸約5至7分鐘
   至金黃色，盛起備用

5. 鍋內燒熱1湯匙油，爆香青椒、紅椒及洋葱，
   然後倒下調味料煮滾

6. 加入炸好的蓮藕塊和菠蘿拌勻即成

材料：

蓮藕	2節	蛋黃	1隻
青椒	½隻	生粉	70克
紅椒	½隻	鹽	少許
洋葱	¼個	白胡椒粉	少許
菠蘿	2片		

調味料：

茄汁	6湯匙	白醋	3湯匙
片糖	½片	水	3湯匙

小提示

若然希望食得清淡些，可以直接免去步驟3及4，直接放入蓮藕與其他材料一同烹煮

從「吃」保持活力

註冊營養師潘仕寶 (Sally Poon)

化療和放射治療可產生不同的副作用，與營養有關的包括疲倦、食慾不振、味覺改變、噁心和嘔吐。營養不良是在癌症患者身上最常發生的問題，一般約20至70%的患者有營養不良問題，而肺癌患者營養不良的風險較其他癌症患者高[1]，在患有晚期非小細胞肺癌的患者中，61%都會出現營養不良的情況[2]，所以及早介入營養治療是癌症治療成效的關鍵。

少食多餐保持開胃

食慾不振是癌症患者最普遍的問題，我建議幾個方法幫助這些患者，包括少食多餐，以及每一至兩小時進食少量含高蛋白質和高熱量的膳食來替代每日三份大餐。早上胃口一般較好，可進食豐富的早餐，如牛油果炒蛋三文治、南瓜腐竹肉碎粥、番茄雞絲通粉等。

此外，亦可改變食譜，如在麵包塗上花生醬或煉奶或牛油、在意粉灑上芝士粉、在薯蓉加入牛油和牛奶、在飲品中加糖加奶，為患者提供額外的卡路里和蛋白質。

味覺Mix & Match

要紓緩味覺改變的情況，可選擇進食自己喜愛的食物和嘗試新的食物。我個人喜歡以帶有甜味的水果伴隨肉類進食，如菠蘿或蜜桃等。不想吃紅肉的話，也可以家禽、魚類、雞蛋和豆類製品代替。如果進食時感到「口苦苦」，可以加甜醬或海鮮醬；或喝果汁、蜜糖水等掩蓋苦味。而若然覺得「口淡淡」，不妨添加適量的油和調味料（如鹽、糖、蒜、豆豉、醃菜、芝士等），略為加重味道，提升患者食慾。

小心吸入太多空氣

有患者也跟我說，化療藥物有時令他們覺得噁心，甚至嘔吐大作。這個時候，患者更應少食多餐，慢慢進食。另一方面，要避免味道太濃、太甜與油膩的食物，進食前少說話也有幫助，可避免充斥太多空氣導致反胃。同時要遠離煮食的油煙、煙霧等氣味。還有一個小貼士，生薑能有助緩解噁心和嘔吐呢。

在治療開始後，患者應繼續保持均衡的營養攝取，若胃口受到影響，應及早諮詢註冊營養師調整飲食。營養師會依據患者的飲食習慣、治療副作用及身體的狀況，給予個人化的飲食建議，並紓解患者及照顧者對飲食的各種疑慮。

參考資料來源：

1 Arends J, et al. Clin Nutr 2017;36:1187 -1196.

2 CAP. Nutrition in the Patient with Lung Cancer.
Available at: https://lungcancercap.org/wp-content/uploads/2017/09/8_Nutrition_in_the_Patient_with_Lung_Cancer_3rdEdition.pdf. Assessed on 3 Jan 2020.

Sally給患者的小提示

在治療期間飲食毋須過份清淡，否則會令食慾變得更差，造成嚴重營養不良呢！

從「吃」得到快樂

有沒有讓你一想起
便嘴角上揚的「開心食物」？
還記得那熟悉的「家的味道」嗎？

有時快樂就是如此簡單。

打開心扉
尋找快樂泉源

臨床腫瘤科專科醫生李宇聰

我希望能用八個字總結我對所有肺癌患者的建議：「打開心扉，放下恐懼。」許多時候只要克服心理上的障礙，會對肺癌的治療起到很大幫助。

其實我們的身體狀況最受心理狀態所影響，看見患者往往受制於心理障礙而無法繼續原本的個人、家庭及社交生活，令人非常心痛。而這些障礙最常來自恐懼，患者很容易將藥物中不常見的副作用無限放大，也試過有患者因為害怕影像掃描檢測的結果而不去檢測，最後諱疾忌醫，延遲了最好的治療時間。

所以我會告訴患者，治療途中一定要拋開自己的包袱和限制，不再「收埋」自己，保持樂觀、積極的心情。如果真的遇到了心理難關應該主動和他人分享和傾訴，必要情況下精神科醫生也會開適量的藥物幫助放鬆。

而作為患者的主診醫生，治療患者和檢測固然是首要工作，但我們亦會花心機和時間鼓勵並支持患者，幫助他們保持良好的心理狀況。醫生和患者之間的互動好比一塊鏡，如果醫

生本身的負面情緒高，患者的心情亦會隨之而受到影響，所以醫生會以正面樂觀、輕鬆的情緒和患者溝通。同時我也會按照患者對治療作用的理解和他們討論病情、很多時患者會有很多問題，由治療、日常生活、飲食甚至財政情況，現時我也會在電話群組上與患者交流，既可發放正確訊息，解釋謬誤，亦可為患者即時排解疑難，減少他們的胡思亂想。

除了醫生的責任之外，照顧者也在協助患者治療、提高他們存活質素方面扮演重要角色。家人可以在幫助患者接收、消化許多醫學知識時起到提點的作用。因此，我通常會建議讓家人陪同聽診，讓照顧者同時了解患者情況。對於醫生來說，最糟糕的情況就是親屬要求醫生對患者隱瞞病情，家人因為知情壓力大，患者因為不知情壓力更大，只會蔓延更多負面情緒。

抗癌之路並不孤單，所有患者都有家庭、醫生、護士一起同行。若有心理壓力則更要及時和醫生家人保持溝通，那怕只是飯桌上的一句閒聊。癌症沒有一刻是絕望，為自己尋找快樂的泉源，放鬆心理和生理。

有人說，味道最能讓人勾起回憶，
每當我咬一口吃了四十多年的鹹湯圓，
總會想起一家人聚首一堂的溫馨時刻。
吃下這碗湯圓，除了吃到食材帶出的鹹味外，
還會吃到一絲絲的甜。

鹹中帶甜的湯圓

James的故事

每逢節日，家家戶戶或許會在飯後以湯圓作結，因為湯圓象徵著甜甜蜜蜜、團團圓圓。而我與家人在農曆新年時，卻只會吃以冬菇、蝦米及蘿蔔等作湯底的特製鹹湯圓。

每逢農曆新年，外婆必定一手一腳烹調這道鹹湯圓。由預備材料、烹調湯底，甚至湯圓也是她逐粒搓揉而成。不過，自從外婆患上肺癌後，身體狀況大不如前。她為了讓我們依然能嘗到這道傳統鹹湯圓，便將烹調鹹湯圓的技巧傳授給爸爸，而爸爸亦將技巧傳授給二哥和我。

這道鹹湯圓由外婆傳授到爸爸，現今再由我輩負責將這種味道烹調出來，於節日與親朋戚友分享。而我們也會將烹調鹹湯圓的技巧一直承傳下去，因為這是我「家」的味道。

有人說，味道最能讓人勾起回憶，每當我咬一口吃了四十多年的鹹湯圓，總會想起一家人聚首一堂的溫馨時刻。吃下這碗湯圓，除了吃到食材帶出的鹹味外，還會吃到一絲絲的甜。

小提示

1) 利用暖水搓粉糰，粉糰會更加滑

2) 若然粉糰已搓起但未需即時使用，
　可以先蓋上濕布，防止粉糰變乾

惹味煙韌鹹湯圓

James的食譜

製作方法：

1. 清水浸軟冬菇，再去蒂並切絲，浸冬菇水留起備用
2. 浸軟蝦米，隔水備用
3. 將白蘿蔔去皮切絲，豬肉切絲
4. 浸旺菜30 分鐘，瀝乾水，切絲
5. 豬肉絲加入油、生抽、生粉、水、糖醃製，醃約30分鐘
6. 水煮沸後加入白蘿蔔絲、冬菇水及大地魚粉，轉細火煲
7. 燒熱油鑊並爆香冬菇絲、蝦米，加入白蘿蔔湯煮約20分鐘
8. 加入旺菜和豬肉絲煮約5分鐘
9. 加入湯圓，滾至湯圓浮面即成

湯圓製作方法：

1. 暖水逐少加入糯米粉中
2. 搓至不黏手
3. 搓成條狀，切粒後再搓圓

材料：

- 冬菇　　10隻
- 蝦米　　2兩
- 白蘿蔔　1條
- 旺菜　　1個
- 豬肉　　12兩
- 大地魚粉 2至3湯匙

醃料：

- 油　　　少許
- 生抽　　少許
- 生粉　　少許
- 糖　　　少許
- 水　　　少許

湯圓材料：

- 糯米分　½包
- 暖水　　適量

為我全神貫注下廚的朋友

Carl Yang的故事

若然要說每家每戶最常烹調的餸菜，薯仔炆雞翼必定榜上有名。雖然製作方法簡單，卻有很純粹的美味，也讓我常想起一位患癌的朋友。

我的這位朋友某天想要為我煮一餐飯，由於她沒有太多烹飪經驗，我便提議烹調薯仔炆雞翼。雖然她因病而行動不便，但她準備食材卻比其他人還要仔細：薯仔的皮削得乾乾淨淨、一絲不漏，再把薯仔切成近乎一樣的大小。

我非常喜歡吃這道菜，偶爾也會自己煮，原本打算從旁協助不擅下廚的她，最後反倒幫不上甚麼忙。她就這樣一直自顧自忙著，將醃好的雞翼和薯仔煎香，緩緩地把半碗水加進鑊中，再蓋上沉甸甸的鑊蓋炆上十多分鐘。

雖然她受癌病纏身，卻從沒因此自暴自棄，繼續堅強及樂觀地去做好她眼前的每一件事。我看著她煮雞翼時專注而滿足的樣子，更明白到她那種「活在當下」的精神。

很多人都會為朋友下廚，看起來好像很普通，卻讓我更欣賞她，不是因為她煮出來的薯仔炆雞翼有多美味，而是每當我想起她烹煮餸菜時，全神貫注望著她費力切出來的雞翼及薯仔的滿足樣子，總會會心微笑。

“
雖然她受癌病纏身，
卻從沒因此自暴自棄，
繼續堅強及樂觀地去做好她眼前的每一件事，
我看著她煮雞翼時專注而滿足的樣子，
更明白到她那種「活在當下」的精神。
”

薯仔炆雞翼

Carl Yang的食譜

製作方法：

1. 洗淨雞翼，用醃料醃約1小時
   （若然時間充足亦可以醃過夜）

2. 洗淨薯仔，去皮，切成中等塊

3. 薑及蒜頭切片備用

4. 加入少許油起鑊，放入已醃好的雞翼

5. 用大火將雞翼煎至兩邊金黃，每面煎約3分鐘，
   關火盛起備用

6. 以中火燒熱油鑊，加入薑片和蒜片，煎香後
   加入薯仔煎至金黃色

7. 雞翼回鑊，加入足以浸滿半份材料的清水

8. 煮沸之後用細火關蓋煮約20分鐘

9. 開蓋再用中火煮10分鐘蒸發多餘水分即成

材料：

薯仔	2個	薑片	2片
雞中翼	8至10隻	蒜頭	1粒

雞翼醃料：

鹽	1茶匙	生抽	½茶匙
酒	1茶匙	生粉	½茶匙
糖	½茶匙		

“
那時候的牛骨湯，
比現在喝的更甜，
也讓我更懷念。
”

「過甜」的牛骨湯

Michael Kim的故事

韓國新年與中國農曆新年一樣，各個家庭成員都會聚首一堂，而我們家也不例外。每逢新年時，我們都會到外婆家吃飯，而外婆定必會端上牛骨湯。還記得小時候，我並不喜歡牛骨湯，主要是外婆烹調的牛骨湯很清淡，湯上沒有一點油，卻有點兒過甜，所以我每次只會喝一小碗。

外婆每次都會說：「乖孫，牛骨湯很有益的，喝多一碗暖胃吧！」，然後為我舀一大碗牛骨湯。

之後因為需要出國讀書，並沒有回韓國與外婆慶祝新年。某一年的新年，全家都飛到英國和我慶祝新年，這時我才發覺人在異鄉慶祝新年，可以與家人一起說說笑笑，圍坐著喝牛骨湯是一件多麼幸福的事。自此，我便開始懂得欣賞牛骨湯的甜。

外婆因肺癌去世後，我們全家仍然會在新年時一起慶祝、吃飯、一起喝牛骨湯。每喝一口牛骨湯，腦海便會浮現以往每年吃團年飯，外婆「迫」我喝牛骨湯的情節。

小提示

1）凍水浸牛仔骨可令肉質更鮮嫩

2）可以利用高壓煲煮牛仔骨約40分鐘

韓式牛骨湯

Michael Kim的食譜

製作方法：

1. 凍水浸牛仔骨10至20分鐘

2. 煮沸熱水，放入牛仔骨煮6至8分鐘，然後沖凍水備用

3. 將洋蔥、蘿蔔去皮切件

4. 蒜頭、葱、豉油放入打碎器內打勻

5. 將所有材料放入鍋內，加入一杯水用大火煮15分鐘後調慢火燜40分鐘

6. 隔去脂肪

7. 用鹽及胡椒粉調味即成

8. 灑上番茜即成

材料：

• 牛仔骨	2磅		• 豉油	3湯匙
• 白蘿蔔	1條		• 鹽	少許
• 洋蔥	1個		• 胡椒粉	少許
• 葱	2棵		• 番茜	少許
• 蒜頭	2粒			

爺爺 ──
我的糕點夢想支柱

Natalie Chan的故事

從小我便對糕點製作有濃厚興趣，所以我喜歡流連超級市場看食材，也不時閒逛我家附近的餅店。當中，我特別喜歡偷看麵包師傅做麵包和蛋糕，有時會一邊看著他們做麵包，一邊動手模仿他們拉麵糰。

可是，當我長大後決意投身糕點製作時，家人並不支持，認為在香港做包餅不能糊口，甚至表明反對，唯獨爺爺例外。他支持我去做任何自己想做的事，慶幸有他的鼓勵，我才有勇氣去學習製作糕點。

每次上堂後我都會和他分享學習內容，他都會很用心聆聽。有時我會買蛋糕回家跟他一起分享，他會很高興跟我一邊品嘗，一邊像食評家般品評蛋糕的優劣。

這款咖啡酥頂蛋糕（Coffee Crumb Cake），是我在求學時自創的。製作成功後當然馬上找爺爺品評，還記得爺爺品嘗這款蛋糕後，那個對我賦予肯定和信心的眼神，是令我決心成為糕點師傅的最大動力。

雖然他在我還在做學徒時不幸因肺癌過世，但我很慶幸起步學習製餅的路上都有爺爺在旁鼓勵。

“ 原來有家人的支持，或者只需要
一個肯定的眼神，已經讓我們有
足夠的勇氣朝夢想進發。
”

咖啡奶酥蛋糕

Natalie Chan的食譜

製作方法：

1. 預熱焗爐至攝氏170度

2. 篩勻麵粉與泡打粉備用

3. 牛奶煮熱放入咖啡粉，並加以拌勻，待冷備用

4. 利用打蛋器將牛油及糖打至鬆身

5. 加入雞蛋打勻，並加入麵粉及咖啡牛奶拌勻

6. 倒入已沾上牛油的焗盆內

7. 拌勻咖啡奶油酥材料，放於麵粉漿上

8. 放入焗爐焗40至50分鐘或至牙籤插入取出時乾淨

9. 待冷切件即成

蛋糕材料：

- 牛油　　　132克
- 糖　　　　113克
- 雞蛋　　　1隻
- 麵粉　　　180克
- 泡打粉　　80克
- 牛奶　　　80克
- 咖啡粉　　80克

咖啡奶油酥材料：

- 牛油　　　113克
- 糖　　　　113克
- 麵粉　　　120克
- 肉桂粉　　8克

牛油及雞蛋需要放於室溫備用，
蛋糕便會鬆軟

擁有北方人典型小眼睛的他，
品嘗我的餃子時，笑得讓眼睛瞇成兩道橋。
現在每當我吃餃子時，
我總會回想起父親開懷的笑容。

父親臉上的兩道橋

Janna的故事

我的父母是北方人，因此即使他們搬來香港後，餃子仍是我們家中的主食。母親包餃子很出色，蔬菜、蝦仁與豬肉比例得宜，三者配合得天衣無縫。坊間沒有太多食店能比得上這款伴我成長的白菜豬肉蝦餃子。正正因為母親廚藝了得，變相我完全沒有下廚的空間，令我不擅烹飪，直至我知道父親確診患上肺癌。

當父親患上癌症，我腦海裡浮現了很多想法。除了一路陪伴他，我可以做些甚麼呢？其中我想到的，就是為食慾不振的父親親自下廚，烹調我們都愛吃的餃子。

於是我向母親提出我的計劃，並請教母親做餃子的秘訣。從未下廚的我嘗試包餃子，但包出來的餃子卻大小不一，有的更像是小朋友玩泥膠的作品。面對吃慣了母親所製的餃子、對餃子要求非常高的父親，我自問對眼前這盤餃子的「表現」感到戰戰兢兢。

不過，當我端上眼前的「傑作」給父親，他卻出乎預料吃得很開懷，甚至說這盤餃子充滿肉汁，是他人生中吃過最好的餃子。

將1茶匙鹽加入娃娃菜拌勻，等待10
分鐘後榨出多餘水分才與其他材料
拌勻，確保包餃子時不會鬆散

白菜豬肉蝦仁水餃

Janna的食譜

製作方法：

1. 娃娃菜切絲，豬肉切碎

2. 蝦仁去殼及腸，再切碎

3. 麵粉加水拌勻成麵糰，放室溫，備用

4. 將麵糰分成大小一樣的小粒

5. 用擀麵棍將麵糰擀成2吋至3吋水餃皮

6. 另外，將薑茸、生抽、白胡椒粉、鹽、糖及2至3湯匙水加入豬肉碎內，
   醃製10分鐘

7. 再加入娃娃菜及蝦仁拌勻

8. 包好餃子

9. 煮沸一鍋水，放餃子以大火煮滾，加半杯水至再滾

10. 重複3次即成

材料：

- 娃娃菜　　¼杯
- 豬肉　　　4安士
- 蝦仁　　　2安士
- 薑茸　　　½茶匙
- 生抽　　　1茶匙
- 糖　　　　¼茶匙
- 白胡椒粉　少許

餃子皮材料：

- 麵粉　　　1杯
- 水　　　　¼杯
- 鹽　　　　適量

如果能讓時針停下來

John Dai的故事

爺爺數十年來一直在街邊擺檔修理手錶。從小便聽他說，他沒有甚麼嗜好，只是喜歡手錶和工藝。他說，手錶代表著時間一點一滴地流動，直到退休後他也會義務幫街坊鄰居修理手錶，讓時針繼續轉動。

十多年前他不幸患上肺癌。雖然爺爺體力大不如前，但他從不會拒絕別人修理手錶的要求，依然會義務幫助他人。我起初不明白他的舉動，一心只希望他能先顧及自己的身體狀況。他說，別人找他幫忙是因為認同他的手藝，所以無論如何都會幫忙。

到了患病後期，爺爺需要不時進出醫院，手上仍然不忘拿著手錶細研。還記得有一次去探望爺爺時，我帶了親自煲的梨湯讓他潤肺，爺爺終於放下手中的錶，拿起暖壺喝湯。還記得他喝了一口後說：「在天氣寒冷時喝一口暖湯，真幸福。」

此後，不論寒冬或炎夏，我去探望他時就會帶一壺梨湯，好讓他停下手上的工作去喝湯。就像爺爺喜歡為人修理手錶一樣，我也喜歡為爺爺煲湯。別人欣賞爺爺的手藝，雖然爺爺未必是欣賞我煲的湯有多好喝，但每次看到他喝我煲的梨湯，我的心也會暖起來。

“
希望他停下手上的工作，手錶的時針也可以停下來，
讓我們有更多相處的時間。
”

紅蘿蔔
雪梨雪耳湯

John Dai的食譜

製作方法：

1. 浸軟雪耳，切去頭蒂，撕成小朵

2. 紅蘿蔔去皮，切成大塊

3. 洗淨雪梨，切開4件並去芯留皮

4. 洗淨蜜棗及南北杏備用

5. 浸陳皮至軟身

6. 將水煮沸，加入材料，再煮沸後轉小火煲30分鐘，
   煲成2碗即可

材料：

• 雪耳	1朵		• 蜜棗	5粒
• 雪梨	1個		• 水	5碗
• 紅蘿蔔	1條		• 陳皮	1片
• 南北杏	3錢			

> 我希望大家可以珍惜現在擁有與家人的相處時光。可能短暫，可能模糊，也可能有喜有悲，但當你回頭一看，那份又甜又酸的情卻會永遠留在心中。

又甜又酸的情

小歌的故事

我成長在一個客家的大家庭，小時候經常跟一大群親戚到外公家中吃飯。傍晚的外公家，除了洋溢着外婆炮製「九大簋」的飯菜香外，總是吵吵鬧鬧聲不斷；有大人麻雀耍樂的笑聲，也滿是孩童互相追逐的尖叫聲與哭鬧聲。

當飯菜都預備好時，公公總會使盡力氣用客家話大叫「食飯咧！」然後所有玩耍中的小孩子都會跑到飯桌吃飯，一圍十多人，好不熱鬧。然而，因為我是孫兒中唯一的女生，在我的表兄弟之中，公公最愛錫我，總把我當成掌中明珠。公公知道我喜歡吃香口食物，所以每當婆婆煮甜酸生炒排骨時，都會偷偷地夾出剛炸起、未加甜酸醬的酥炸排骨給我，與我一起「搶先」品嘗。當然，加了甜酸醬的炸排骨也是非常美味，吃飯時公公也不時夾排骨給我，又會不時叫我多吃米飯，才會快高長大。

小時候的我，從未發現中氣十足的公公已患上肺癌，因為他總是笑咪咪的哄我們開心，絕口不提自己的病情。公公已經離開了很多年，我也由只懂偷吃生炒排骨的小朋友變成懂得煮生炒排骨的成年人。很多與公公有關的回憶都開始模糊，但想起他偷偷夾炸排骨給我時的表情、吃飯時細語叮囑的時光，總會令我會心微笑。

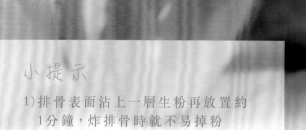

小提示

1) 排骨表面沾上一層生粉再放置約
   1分鐘,炸排骨時就不易掉粉

2) 翻炸排骨助肉質更鬆脆

生炒排骨

小歌的食譜

製作方法：

1. 洗淨豬排骨，抹乾水分後
   加入醃料醃30分鐘

2. 排骨表面沾上一層生粉，盛於盤中
   並放置約10分鐘

3. 加入油燒至約七分熱，以中火將排骨炸熟，
   撈起放涼

4. 轉大火燒滾食油後，將排骨回鑊翻炸至
   酥脆（約15秒），撈起並瀝去油份

5. 倒出炸油，在原鑊中留下少許油

6. 將洋蔥和紅、黃、青甜椒切塊

7. 加入切好的紅、黃、青甜椒、菠蘿、
   洋蔥炒香，盛起備用

8. 加入所有甜酸醬汁材料，拌勻煮沸

9. 放入已翻炸的排骨與炒過的甜椒、菠蘿、
   洋蔥塊快炒

10. 隨即馬上倒入生粉水勾芡，
    讓排骨裹上醬汁即成

材料：

- 豬排骨　　1300克
- 洋蔥　　　½個
- 紅甜椒　　¼個
- 黃甜椒　　¼個
- 青甜椒　　¼個
- 菠蘿　　　2片
- 生粉　　　適量

醃料：

- 生抽　　　30毫升
- 蛋白　　　1隻
- 米酒　　　1湯匙
- 生粉　　　1湯匙
- 鹽　　　　少許
- 砂糖　　　少許
- 白胡椒粉　少許

甜酸醬汁材料：

- 茄汁　　　5湯匙
- 水　　　　120毫升
- 白米醋　　50毫升
- 砂糖　　　50克

平衡健康與滋味
的老火湯

Denice的故事

我的父親除了擅於烹調中式小菜外，更精於中式湯水。我們全家人都十分喜歡喝湯，特別是父親親自熬的老火湯。

父親證實患上末期癌症時，已經擴散至肺部。醫生說僅餘3個月性命，性格內斂的父親一直在聽沒有作聲，當時我知道我要肩負起照顧他的責任，只希望他餘下日子過得開心。

以前我為父親下廚，身為中廚的他總是默不作聲，從不評價食物的味道，雖然這樣給了我一些無形的壓力，但我知道他心底裡還是高興的。這段期間，我負責照顧他的起居飲食，我不會主張禁食，只是每天問他想吃甚麼，只要我有能力都會為他下廚。不過，老火湯較肥膩，而這碗冬菇雪耳湯正好在他愛喝的老火湯和健康飲食之間取得平衡。

除了飲食，生活質素亦非常重要。我知道父親一直很希望光顧一間名牌燒鵝餐廳，但因為覺得這間中餐廳十分昂貴而卻步，於是我便陪他去吃了兩次，一償他的心願。

父親在患癌期間提到，他希望和朋友去流浮山吃蠔，我便坐言起行伴隨。他與朋友言笑晏晏，豁然開朗。正如我希望他餘下日子過得開心，讓父親多享受高質素存活的日子，我能做的就和他一起做。他生命延長至七、八個月溘然而逝，生命總算是「超額完成」。

"
我希望他餘下日子過得開心，讓父親多享受
高質素存活的日子，我能做的就和他一起做。
"

冬菇雪耳湯

Denice的食譜

製作方法：

1.　浸軟冬菇、瑤柱、雪耳，冬菇去蒂

2.　豬瘦肉切片

3.　將所有材料放入鍋內，加入水，讓水蓋過材料

4.　大火煮沸後調至小火煲2小時，即成

材料：

- 豬瘦肉　　　　300克
- 乾冬菇　　　　6隻
- 雪耳　　　　　10克
- 瑤柱　　　　　3粒
- 去核紅棗　　　8粒
- 水　　　　　　2公升

小提示

最後1小時才加入雪耳，保持雪耳質感

從「吃」得到快樂

註冊營養師潘仕寶 (Sally Poon)

幻想一下,當你很想吃蛋糕的刹那,突然出現一件滋味的西餅⋯⋯

曾聽過癌症患者說:「最快樂的事,就是吃到自己最愛的食物!」。當時我想,其實肺癌患者也可以從「吃」得到更多歡樂。

家人說我不可以吃糖,真的嗎?

我常聽到肺癌患者會存有謬誤,指正常細胞以脂肪為能量,癌細胞則以糖分為能量,因此認為癌症患者只要減少攝取糖分,即可「餓死」癌細胞。但到目前為止,仍未有臨床研究證實攝取糖分會令癌症病情惡化,或減少糖分攝取能抑制癌細胞生長。

身體所有細胞都依賴葡萄糖來獲取能量。葡萄糖主要來自含有碳水化合物的食物,如五穀類、水果、根莖類蔬菜、奶類及甜品。當身體攝取的葡萄糖不足,癌細胞便會使用脂肪和蛋白質代替葡萄糖作能量來源。

完全避免進食糖分或碳水化合物的飲食習慣會大幅減少癌症患者所吸收的熱量和其他營養素，增加患上營養不良的機會。身體會消耗肌肉來彌補熱量不足的問題，引致體重下降，並削弱免疫系統，甚或會影響治療效果。

我很想吃牛、雞、蝦、蟹和蛋，可以嗎？

癌症患者不需要戒吃任何食物，只要食物煮熟透便可。至今仍未有任何確實證據顯示牛、雞、蝦、蟹和蛋等食物對治療有任何副作用。如患者本身沒有食物敏感，上述食材都能提供豐富蛋白質、鐵和鋅，幫助患者保持肌肉質量和免疫力，並協助製造紅血球及促進傷口癒合。

別以為患有癌症就要清茶淡飯，戒掉心愛的食物，變得飲食無樂趣。在癌症治療期間，患者應盡量進食自己喜愛的食物，豐富的營養可維持免疫力，減少肌肉流失，同時保持飲食的樂趣。希望這本食譜故事書能為癌症患者提供更多元化的美食，各位患者也請記得告訴家人你最愛的美食，一同大快朵頤！

從「吃」給予支持

看著眼前的美食，
原來我最渴望擁有的，
是一直陪伴在身邊給予我支持的你／你們。

讓自己成為樂觀的
照顧者

臨床腫瘤科專科醫生梁廣泉

「高質素存活」概念的其中一個要點是在抗病時維持生活質素，盡可能保留原有生活方式。心理和社交是其中一個要點，所以患者和照顧者的相處之道極為重要。

醫生會根據醫學實證為患者提供最妥當的藥物治療，但作為一個普通人，我們更想為患者帶來信心和盼望。我們希望與他們建立共信的橋樑，透過良好的溝通和緊密的連繫，盡我們一切所能讓患者康復。

朋友和家人更是患者生命的支柱，有些照顧者會急於尋找治療方法，忽略了與患者相處的重要性。我時常告訴照顧者：「與其四出尋找偏方治療患者，倒不如多花時間陪伴。」關心和問候比靈丹妙藥更有效力，短短的問候會為治療帶來意想不到的效果。

我們也希望照顧者可以以平常心面對患者，避免過分繃緊，免得患者擔心，治療效果亦會適得其反。因此，醫生在治療

患者的同時，也要同時治療患者家屬的心理健康，尤其是管理家人在治療上的期望，在真實反映患者情況時，訂立長期和短期的治療目標。

我曾經遇上一名患者，癌症的徵狀不多，初步只需要以藥物治療控制病情，但他的兒子卻緊張萬分，辭去了本身的工作，每天到網上尋找有關肺癌的研究報告和文獻，甚至希望帶患者到國外進行不同的療程。我們當然欣賞他對母親的孝心，但在對付癌病之時，我們更應按部就班，進行適切的治療，以免再增加患者的心理壓力和焦慮情緒。

希望患者和照顧者可以保持積極的態度，我明白這是說易行難，也沒有人希望自己身邊的親友患病，但當照顧者維持樂觀精神，絕對能傳遞給患者，攜手克服難關。很多研究亦指出快樂情緒能為病情帶來正面的影響，我們怎樣看待事情也會影響治療的進度，時常喜樂就是應對病情的最佳方法。

如果照顧者難以處理壓力和情緒，我希望他們願意把困擾說出口，可以告訴家人、朋友和醫生。有時候，照顧者只是多慮才將事情想像成最差的情況。只要照顧者把事實和錯誤觀念分清楚，事情未必是想像中的壞。在支持家人前也請先為自己打打氣！

敏之最愛的自製特飲

陳敏之的故事

爸爸一直都是我的「Super Hero」（超級英雄）。從小至大，當我遇到任何難題，他都一定可以幫我解決。小時候，我跟其他小朋友一樣都不喜歡喝水，爸爸為了讓我吸收到足夠水份，便會買各式各樣新鮮又美味的水果給我吃。因此每次經過水果店時，我都會嚷著要爸爸帶我去買水果。這個溫馨的畫面一直留在我心中。

長大後，爸爸不幸患上肺癌，他在治療過程中胃口不佳。我想起小時候爸爸為了我的健康，買了很多水果給我吃，我即時想到，或許是時候換我來親自炮製有營養又開胃的果汁給他。於是，我用蘋果、番茄和士多啤梨，攪拌出一杯鮮艷奪目的果汁，不但健康，更搶眼注目，令爸爸的胃口大增，也補充了他所需要的水份。

爸爸離開之後，我深深體會到一家人的健康很重要，所以現在一有閒暇，就會炮製健康飲品給家人喝。我亦會帶兒子去買水果，就好像當年爸爸帶著我去水果店一樣。

> 對於健康飲食，
> 很多人都會忽略飲料這一環。
> 不過無論是食物還是飲品，
> 只要和最愛的人一起烹調或一起吃，
> 都可以治癒心靈，帶來快樂與正能量！

小提示

這杯特飲不適宜放置太久才享用，
否則會流失營養及維他命

士多啤梨
番茄特飲

陳敏之的食譜

製作方法：

1. 洗淨蔬果

2. 將蘋果、甘筍去皮

3. 將所有材料切成小粒

4. 將材料放入攪拌機榨成果汁

5. 倒進杯中及加上裝飾即成

材料：

• 蘋果	2個	• 番茄	3個
• 甘筍	2條	• 士多啤梨	10粒

令一家大小開懷的
造型炊飯

Candace Mama的故事

我有一位與我年紀相若的朋友，她與我住在同一棟大廈，因此我們常常見面，漸漸我們由鄰里變成了好朋友。閒時，我們也會帶大家的小朋友一起玩。

廚藝出眾的她，經常與我分享煮食心得，我常常造訪她家向她「偷師」。

可是當她患上肺癌後，身體狀況卻不允許她下廚，從前一日三餐的住家飯，由新聘的「姐姐」代勞。可是那位「姐姐」不擅長煮中式飯菜，廚藝當然不及我的朋友，大人當然體諒，但小朋友卻有點不習慣。

因此，我決定為這位朋友及她的小朋友下廚。特意炮製了日式三文魚炊飯，製作方法簡單卻健康又滋味。為了讓她的一家吃得開懷，我為這個飯添了我最喜愛的造型，將紫菜貼在雞蛋上，再將三文魚捲起，製作出各種動物圖案，吸引她倆進食外，亦希望可以為她及家人打打氣。

以往這位朋友經常關照我，所以在她不如意時，我也希望盡點綿力，排解她對患病的不安。

> 當看到她的小朋友大快朵頤，
> 以及朋友那感動的眼神，
> 我知道這是值得的。

小提示

利用電飯煲一般煮飯模式
亦可烹煮這個菜式

日式三文魚炊飯

Candace Mama的食譜

製作方法：

1. 洗淨鮮冬菇，去蒂並切薄片

2. 洗淨甘筍，去皮並切成小粒

3. 洗淨珍珠米，放適量的水

4. 加入調味料拌勻，並放入鮮冬菇片及甘筍粒

5. 將珍珠米、鮮冬菇片及甘筍粒放入煲內

6. 大火煮沸後轉細火煮約20分鐘或至飯熟

7. 洗淨三文魚並抹乾，平底鑊不用加油以中火稍燒熱

8. 把三文魚煎至兩邊金黃及全熟，加鹽調味

9. 將已完成的三文魚去骨，將肉拆成細塊

10. 將三文魚加入飯中拌勻，即可

材料：

- 三文魚腩 1件
  （約300克）
- 鮮冬菇　　4隻
- 甘筍　　　2條
- 珍珠米　　1½杯

調味料：

- 日式豉油 2湯匙
- 味醂　　　2湯匙
- 鰹魚粉　　2茶匙

家的味道

培詩的故事

成長於一個來自北方的家庭，水餃對於我們一家人來說是最重要的食物。家裡做的水餃外觀雖不及街外買的精緻，餡料亦不及館子賣的那樣百變和名貴，但我卻愛它那種家的味道。從小到大家中每一個成員都懂得包水餃，家中也出了一位很了不起的包點大師－我的細舅父。

自外公外婆過身後，每逢家庭聚會，細舅父就會肩負起包水餃的重任，務必要將我們的肚子餵到「脹卜卜」才罷休。除了水餃，有時我們還會請他「出山」做銀絲卷、酸辣湯等等的高難度菜式，他亦樂意獻技，從不拒絕。

幾年前我不幸患上肺癌，最初驚恐及傍徨的心情，我都會跟細舅父分享及一一傾訴，他亦會細心聆聽。那怕生活忙碌，他也會不斷鼓勵我積極去面對，亦常常來電問候，噓寒問暖。有空的時候亦會帶我上館子吃飯。還記得有一次我家中廁所淤塞，他二話不說便立即來幫忙維修，他對我的疼愛絕不比我父母少。

數月前細舅父突然離世，可惜當天我身在外地，未能趕及見他最後一面。當家人通知我時，我雖表現平靜，但內心卻傷心至極，晚上回到酒店更哭成淚人。送他最後一程的當日，我親手做了餃子，當是對他的最後致敬吧！

我的水餃可能不及他做的美味，但它帶著一份愛、一份思念和一份尊敬。現在每逢我吃餃子時都會想起他。細舅父是一位樂天知命的長輩，任何事都「天跌落嚟當被冚」。我這個病到目前為止都未有根治的方法，對我來說，能多活一天便多賺一天。

"
受到細舅父的影響，
我會效法他做人的態度去面對自己的病，
因我深信只有以樂觀積極的態度去生活，
努力活在當下，對我漫長的抗癌旅程
會起到正面的作用。
"

韭黃粉絲豬肉餃

培詩的食譜

製作方法：

1. 洗淨所有材料，並切碎

2. 加調味拌勻，放雪櫃備用

3. 拌勻麵粉和水搓成麵糰，放室溫備用

4. 將麵糰分成大小一樣的小粒

5. 用擀麵棍將麵糰擀成餃皮

6. 包好餃子

7. 燒滾一鍋水後放餃子

8. 以大火煮至滾，加半杯水至再滾，重複2次

餃子餡材料：

• 五花腩	半斤	• 生抽	適量
• 韭黃	1兩	• 鹽	適量
• 大白菜	半棵	• 糖	適量
• 鮮蝦仁	半斤	• 麻油	適量
• 粉絲 (小包)	⅓包		

餃子皮材料：

• 中筋麵粉	500克	• 鹽	適量
• 水	適量		

小提示

1) 煮餃子時可用小火慢煮10分鐘，
   切記水不要太滾，否則餃子很容易煮破

2) 餡料可以隨個人喜好加減或改變，
   同一個製作方法，可以改用煎做成
   如圖中的鍋貼

令人成長的滋味

臨床腫瘤科專科醫生潘智文的故事

我喜歡烹飪，有時也會與患者分享一些食譜菜式，鼓勵他們嘗試不同富營養的食物。多年來遇見過不少患者，但這位患者卻令我印象最深刻。他是一位退休的中菜廚師，六十多歲的他自小就在廚房工作，於蒸氣油煙中工作了數十年，有時感到氣喘咳嗽也未有當作一回事。當他發現自己患上肺癌時，卻已經是第四期，並且有肺積水，情況頗為嚴重。

由於身體狀況變差，做化療亦令他瘦了十多磅，熱愛烹飪的他不能再下廚，亦失去胃口。平時家中的晚飯都是由他回家炮製，直到確診後，家人才發現除了他以外，家中再沒有人懂得烹飪，就連煮家常小菜也被考起。這時候大家才猛然發現，原來他一直以來都擔當着照顧整頭家的重任，妥善照料每一個人的起居飲食。

於是，他的女兒與孫子孫女便一起學習烹飪，希望在這段時間可以轉換身份為自己的父親、公公煮一些開胃健康的餸菜。作為主診醫生亦愛研究美食的我當然也有支持他們，與他們分享健康食譜。

治療過後，他的情況穩定下來，亦開始恢復胃口。到來覆診的時候，他悄悄跟我說，他很高興這些經歷讓他的子孫都一同成長，不單只學懂了照顧他，亦懂得照顧自己。

> 這些經歷讓他的子孫都一同成長，
> 不單只學懂了照顧他，
> 亦懂得照顧自己。

海鮮蒸蛋白

潘智文醫生的食譜

製作方法：

1. 將帶子、蝦仁及菜心莖切粒；鮮冬菇去蒂切粒

2. 用鹽、胡椒粉及麻油醃帶子及蝦仁10分鐘

3. 輕輕打發蛋白，加入300毫升雞湯，拌勻後倒入蒸碟內

4. 用廚房紙吸走表面的泡沫，包上耐熱保鮮紙後
   用中高火蒸10分鐘

5. 用中火燒熱鍋，加少許油

6. 加入帶子、蝦仁、鮮冬菇及菜心莖炒熟

7. 加入餘下的雞湯煮滾，加入生粉水埋芡

8. 淋在蛋白上即成

材料：

- 蛋白　　6隻
- 雞湯　　300毫升
- 帶子　　4隻
- 蝦仁　　6隻
- 鮮冬菇　3隻

- 菜心莖　3條
- 生粉　　1湯匙
  （溶於20毫升水）
- 鹽　　　適量
- 胡椒粉　適量

113

來自味尖的眼淚

註冊營養師Sally Poon的故事

身為營養師，我的工作經常要接觸癌症患者，每次跟他們面談的時候，內容總離不開飲食。因為坊間流傳不少飲食謬誤，令他們對應該吃甚麼充斥着疑慮和恐懼，更甚者心情會變得鬱鬱不歡。

有一位患者跟我說，家人禁止了他吃很多食物，每日清茶淡飯，可進食的食物大概只有菜心、豬肉和白飯，已經食到好厭倦，所以越吃越少，引致體重不斷下降。有次他好想吃一條蛋卷，女兒立即從他口中把蛋卷扯了出來，實在令人難堪。

有些患者告訴我，當吃了「不該吃」的食物時，家人會生氣甚至責罵，唯有在獨處時才偷偷吃自己想吃的東西。

所以我每次跟患者和家屬見面的時候，都花很多時間拆解各種癌症飲食的謬誤，希望可以糾正他們的想法，放寬對飲食的限制，確保患者攝取足夠的營養。曾經有一位女患者跟我說，家人禁止她吃海鮮，所以很久沒有吃最喜愛的蝦餃。我跟患者解釋這種戒口其實沒有科學根據，並鼓勵她吃自己喜歡的食物。下次再跟這位患者見面的時候，她對我說：「我上次飲茶吃了一件蝦餃，開心到哭起來！」在眾人眼中普通的一件食物，對患者卻是莫大的鼓勵及支持。

除了海鮮外，我也會介紹一些食譜，讓患者和照顧者可以煮出各式各樣美味又有營養的菜式，讓患者重拾飲食的樂趣。我

今次想推介「肉醬意粉」這個同樣看似普通、但廣受癌症患者
歡迎的食譜，因為味道夠濃而且容易進食，營養也十分豐富。

"
我跟病人解釋這種戒口
其實沒有科學根據，
並鼓勵她吃自己喜歡的食物。
下次再跟這位病人見面的時候，
她對我說：「我上次飲茶
吃了一件蝦餃，開心到哭起來！」
"

肉醬意粉

Sally Poon的食譜

製作方法：

1. 用大鍋煮沸水，加少許鹽

2. 加入意粉煮約 8分鐘至熟，然後瀝乾備用

3. 洋葱切粒，紅蘿蔔去皮、切粒，番茄切粒

4. 在鑊中加熱2湯匙油，加入免治牛肉、少許鹽和黑胡椒粉煮至熟

5. 將牛肉轉移到大碗備用

6. 在鑊中加熱1湯匙油，加入蒜頭和洋葱，煮3分鐘

7. 加入紅蘿蔔再煮2分鐘，直到蔬菜變軟

8. 將牛肉倒回鑊中

9. 將番茄粒和番茄醬倒入鑊中，加入牛肉湯加熱煮沸

10. 轉慢火煮約40分鐘至醬汁變稠身，按個人口味加鹽、糖和黑胡椒粉調味

11. 意粉加入肉醬拌勻即成

營養師小貼士
1) 牛肉含豐富蛋白質和鐵質，鐵質幫助製造紅血球，預防缺鐵性貧血
2) 肉醬意粉容易咀嚼，適合胃口欠佳之患者進食

材料：

- 免治牛肉 500克
- 蒜頭　　　2瓣（切碎）
- 洋葱　　　2個（切粒）
- 紅蘿蔔　　2條（去皮、切粒）
- 番茄　　　800克（切粒）
- 番茄醬　　2湯匙
- 意粉　　　400克（乾）
- 有機低鹽 400毫升牛肉湯
- 橄欖油　　3湯匙
- 鹽　　　　少許
- 糖　　　　少許
- 黑胡椒粉 少許

> 作為家人，我們也不希望
> 看到親人因為治療及藥物副作用
> 而失去胃口，我會建議大家親自下廚，
> 「用愛烹調」他們愛吃的菜式，
> 一同進餐、同笑同哭，
> 與他們一起走下去，也許就是良方。

唯獨這甜是不可取替

Denice的故事

父親喜愛亦精於各類型中菜，但他並不是個嗜甜之人，對所有甜品都不感興趣，唯獨喜愛蛋白杏仁茶。

父親是一個無私的人，總愛分享烹飪的秘訣，受到父親的影響，我的座右銘也是「開心分享」。亦因為父親患上肺癌，更令我希望創作更多健康食譜和別人分享。身為呼吸希望肺癌關注計劃大使，很高興可以聽到許多病患者及照顧者的分享，亦令我份外感動。

很多時候，患者並不願意分享個人故事，但在這次廚藝分享活動中，他們都願意主動跟我分享個人經歷。當中有一對夫婦的樂觀態度更是值得我們學習，席間丈夫透露自己生病後，沒有刻意戒口，反而揚言要繼續飲酒作樂。其實飲酒適可而止是沒有大問題的，他們活得開心便好。

回想起當年父親患病時，整個人都陷入低潮，連帶我無形之間亦飽受很大壓力。因此，現在見到這對夫婦如此快樂，讓我感到十分欣慰。

作為家人，我們也不希望看到親人因為治療及藥物副作用而失去胃口，我會建議大家親自下廚，「用愛烹調」他們愛吃的菜式，一同進餐、同笑同哭，與他們一起走下去，也許就是良方。希望這暖烘烘的滋潤蛋白杏仁茶，能將這份甜延續下去。

小提示

煮好的蛋白杏仁茶要立即享用，
放太久會出水及影響口感及質感

蛋白杏仁茶

Denice的食譜

製作方法：

1. 沖洗杏仁、白米，以清水蓋過杏仁及白米，浸泡4小時或過夜

2. 把杏仁、白米連水放入攪拌機，加水攪拌成漿

3. 將杏仁漿放進隔渣袋，用手擠出杏仁汁

4. 把杏仁汁倒進小鍋，以中火煮約5分鐘至微滾，間中拌勻

5. 加入冰糖，拌勻煮至完全溶化

6. 關火，放入蛋白拌勻即成

材料：

- 杏仁　　　250克
  （南杏與北杏比例約6：1）
- 水　　　　800毫升
- 白米　　　40克
- 冰糖　　　少許
- 蛋白　　　2隻

從「吃」給予支持

註冊營養師潘仕寶 (Sally Poon)

很多肺癌患者在化療期間會有口腔潰爛和腹瀉的問題,引起輕微至嚴重不適,影響飲食,繼而令其體重下降,造成營養不良。家人苦苦思考飲食上應如何調整,其實透過煮食一樣可支持患者。

小塊進食更容易

部分患者在化療期間出現口腔潰爛的問題,令他們食慾大減,情緒亦會受到影響。我建議照顧者把食物煮腍並切成小塊或攪碎,讓患者進食容易咀嚼和吞嚥的軟質食物,包括軟水果(如香蕉、木瓜、燉雪梨或蘋果蓉)、爛飯、薯蓉、粉麵、奶昔及豆腐花等。另外,可用攪拌器把蔬菜和肉類打至細滑進食,或添加肉湯或醬汁於食物之中。過熱、過冷或過濃,粗糙或乾燥的刺激性食物亦應避免進食,以免弄傷口腔。

讓腸道好好休息

有些患者在化療期間出現腹瀉,嚴重時更可能因而脫水、造成電解質失衡。患者應保持少食多餐,並嘗試在腹瀉時飲用流質飲料如清水、米水等紓緩病情。運動飲料能補充因腹瀉而流失的鈉質和鉀質,讓腸道休息及補充失去的水份,室溫飲料較冷

熱飲料為佳。避免飲用咖啡及牛奶，或進食煎炸油膩食物。照顧者可留意在患者腹瀉情況改善後，慢慢加入低渣食物，如白粥、白飯、白麵包、河粉、烏冬、通粉、淨腸粉、剁碎的瘦肉、雞及魚、雞蛋、豆腐和豆腐花等。避免食用高纖食物，並選吃低渣蔬果（如去皮去核的木瓜、蜜瓜、熟香蕉、蘿蔔、薯仔、節瓜、冬瓜等）。

注意白血球細胞數量過低易受感染

化療令骨髓受壓抑，造成白血球過低，令患者增加感染風險。應避免進食未經煮熟的食物，包括海產、肉類和蛋，所有食物須徹底煮熟。外出用餐時，亦應吃即點即煮的熱騰騰食物。生活習慣方面，應盡量避免到人多擠迫的地方，並要佩戴外科口罩、勤洗手及保持均衡飲食，以減低出現感染的機會。

癌症期間的營養補充十分重要，飲食應以高熱量、高蛋白質為基礎，打好身體的基礎。家人和朋友的支持也十分重要，患者也十分期待美味又有營養的菜式。在治療期間戒口或飲食過份清淡，可能令患者食慾變得更差，造成嚴重的營養不良。

Sally給患者的小提示

緊記清潔牙齒和每日於餐後和睡前漱口，保持口腔清潔。

擁抱希望

生活充滿甜酸苦辣
就讓我們繼續擁抱希望

從食物來的喜悅

臨床腫瘤科專科醫生丘德芬

食譜故事集這麼多具有意義性的菜式，實在令人垂涎三尺，背後的故事更可讓大眾從側面多了解肺癌、癌症患者、照顧者及親友所面對的情況及心理影響。

許多患者一直有一個迷思，覺得自己在治療期間屬於患者身份，因此要嚴格忌口，只能選擇某些符合健康或營養要求的食物。這個想法是錯誤的。在肺癌治療期間，均衡飲食固然重要，但也毋須以嚴苛的健康原則來管制自己。

我個人建議患者首先要做好身體上的準備，活力的體魄也是高質素生活的立足之本。除了合理適量運動之外，最重要的在於吃。

也許很多人都擔心治療期間的藥物和化療會令身體越變越差，但其實只要盡量選用一些副作用少的藥物，保持健康積極的心態，生活質素自然提高。擁有高質素存活，不單有助自身的心理健康，更重要的是能令患者重回正常的衣食住行、家庭生活。

我們會建議患者不需過分考慮長期健康問題，反而優先選擇自己喜歡的食物，就算有一些偏食也不要緊，也不要輕易忌口。否則本身因為治療或藥物的副作用已經影響了胃口，如今再作戒口不僅會導致營養失衡，患者治療期間的心情也會大受波動。試想一下，我們在吃到最喜愛的食物時，總會有着喜悅的心情。所以吃得自在放鬆、活在當下也是患者改善心理狀態的方法，從味道入手影響心理。

我相信所有患者必然存在很大心理壓力，比較容易產生負面情緒，也有許多患者會鑽牛角尖。心情變壞對治療會產生很多不確定性，不止影響身體機能，也會耽誤病況判斷。所以正如我上面所說，吃得自在是一個幫助改善心情的方法，患者最需要在患病期間調整好自己的心理狀態。

與癌共存的道路難行，但並不孤單。如果覺得壓力過大，不妨直接多和醫生溝通，醫生的勸說和開解往往對家屬和患者都較有幫助。可以的話，這裡共有24款不同的食譜讓照顧者及患者選擇，藉著一起研究食譜菜式，也可增加彼此的溝通。同時這些同路人的故事也可對患者及照顧者帶來啓發。只要保持樂觀心態，自可安然繼續治療之路。

英國阿斯利康藥廠感言

作為一家以科研為先的全球生物科研製藥企業，英國阿斯利康藥廠一直透過科學研究推出為人類帶來健康福祉的藥物，對肺癌患者來說，我們深切明白除了生命上的延長，醫生、家人和朋友在治療上都擔當了不可或缺的角色，這也是我們支持「呼吸希望」這項肺癌關注計劃的原因，為肺癌患者及照顧者提供支援及重燃呼吸希望。

我們自1990年成立以來，多年來見證了不少肺癌患者及照顧者的經歷。這次以「溫情齊饌」為主題，透過「呼吸希望」大使兼星級名廚韋兆嫻（Denice Wai）以肺癌患者照顧者的身分一起合作，首次在香港推出一本圍繞癌症患者「餐桌故事」的食譜故事集，對於我們是一項新嘗試，也是一個新的里程碑。

24個故事當中有笑有淚：長大成人的孩子們學懂了珍惜、父母與子女學懂了放下、在面對疾病時學懂了活在當下、在朋友的貼心支持下學懂了微笑，這一切有血有肉的故事每天都在上演。我們專注發掘及研發處方藥物，以科學及創新作為最強後盾，為患者築起保護的城牆，但要肺癌患者安心及積極治療，達到「高質素存活」，仍需要一眾照顧者及朋友的共同努力。我們希望讓大家一起共聚於餐桌分享美食、分享生活點滴，成為患者的「主廚」，為肺癌患者的生命帶來更多色彩與味道。

我們謹在此感謝所有與我們一起支持肺癌患者的朋友、與我們分享動人故事及食譜的同路人、「呼吸希望」的夥伴，包括香港肺癌學會五位臨床腫瘤科專科醫生的專業分享、註冊營養師潘仕寶（Sally）的貼心飲食小貼士、星級名廚Denice為我們細心編纂所有食譜及分享個人故事，以及讓《呼吸希望溫情齊饌食譜•故事集》這本書順利出版的所有人。

感謝各位購買了這本食譜•故事集的朋友，大家付出的每一分每一毫，都會用作支持癌症資訊網慈善基金的服務，對肺癌患者及照顧者提供支援。但願這本書能為大家帶來更多啓發，與肺癌患者一同踏上更精彩的人生。

AstraZeneca
阿斯利康

癌症資訊網慈善基金的話

癌症資訊網慈善基金是由一群熱愛生命的癌症患者及康復者攜手組成的互助網絡平台並提供癌症服務的機構,旨在為有需要患者及照顧者提供專業適切的癌症資訊及支援服務。

我們一直與「呼吸希望」合作,為肺癌患者及照顧者提供支援,鼓勵他們積極對抗疾病,為他們送上祝福,重燃呼吸希望。

我們雙方都提倡「高質素存活」,除了醫療上的需要外,我們相信癌症患者在心靈和社交方面都需要關注。隨著醫療科技發展,癌症治療有助減輕副作用,提升肺癌患者生活質素,讓他們能夠如常享受日常生活。現在,有不少肺癌患者與我們分享他們重返工作崗位、參加各類喜愛活動、與家人朋友共聚等的喜悅,正因為他們能夠正面積極面對,才可活出更精彩的第二人生。

相信大家都很重視與摯友親朋聚餐及珍惜每一次的相遇,當中所分享的生活點滴,無論高低起跌,總令人慶幸沿途有人一同走過。因此,癌症資訊網慈善基金全力支持「呼吸希望」所推出的「溫情齊饌」計劃,希望藉著製作食譜 • 故事集,讓肺癌患者及照顧者分享烹調美食的心得及背後扣人心弦的小故事,鼓勵同路人積極面對癌症,讓你能在閱讀之際感受一點溫暖,互勵互勉。

癌症資訊網慈善基金亦感謝「呼吸希望」將故事集作慈善義賣,我們會將所得之收益全數撥入肺癌患者及照顧者支援服務,為更多肺癌家庭提供支援。

面對肺癌的旅途並不孤單,沿途有癌症資訊網慈善基金「撐」你們!

癌症資訊網慈善基金
Cancerinformation.com.hk
Charity Foundation

心情撰寫

人生百味，五味常在

人可以烹調出美味的佳餚，而食物亦往往能夠改變人生，令生活更加豐盛精彩。

我們希望你看完《呼吸希望溫情齊饌食譜·故事集》後能有所啟發，

寫下閱後心情及一些鼓勵自己的說話：

製作屬於你的食譜

我們也希望你能籌劃屬於你的「溫情齊饌」時刻，選出你最愛的食譜，
又或自創菜式，與摯愛分享美味與溫情時刻。

菜式名稱：

製作方法：　　　　　　　　　　　　　　　　材料：

菜式名稱：

製作方法：　　　　　　　　　　　　　　　材料：

呼吸希望溫情齊饌食譜‧故事集

顧問及食譜編撰
韋兆嫻

攝影
張大池

美術設計
Carrot Salmon

排版
Carrot Salmon

出版者
萬里機構出版有限公司
香港北角英皇道499號北角工業大廈20樓
電話：　2564 7511　傳真：2565 5539
電郵：　info@wanlibk.com
網址：　http://www.wanlibk.com
　　　　http://www.facebook.com/wanlibk

萬里機構　　萬里Facebook

發行者
香港聯合書刊物流有限公司
香港新界大埔汀麗路36號
中華商務印刷大廈3字樓
電話：　(852) 2150 2100　傳真：　(852) 2407 3062
電郵：　info@suplogistics.com.hk

承印者
中華商務彩色印刷有限公司
香港新界大埔汀麗路36號

出版日期
二〇二〇年六月第一次印刷

規格
16開(176mm×250mm)